Norbert Leicher

Australorps und Zwerg-Australorps

Norbert Leicher

Australorps und Zwerg-Australorps

Oertel+Spörer

Titelbild:
1,0 Australorps, schwarz. Foto: Proll

Innenteilfotos:
Marks: S. 29 o., 35
Proll: S. 8, 10, 16, 18 o., 18 l., 24, 36, 37
Relovsky: S. 12
Schellschmidt: S. 39
Wandelt: S. 11 u. (2), 14, 18 r. u.
Wolters: S. 6, 9, 11 o., 13, 20, 21, 22
Alle anderen Fotos vom Autor

Haftungsausschluss

Bibliografische Informationen der Deutschen Nationalbibliothek
Die Deutsche Nationalbibliothek verzeichnet diese Publikation in der deutschen Nationalbibliografie; detaillierte bibliografische Daten sind im Internet über http://dnb.d-nb.de abrufbar.

Postfach 16 42 · 72706 Reutlingen

Schrift: 9/11 p Times New Roman
Lektorat: Dr. Gabriele Lehari
DTP und Repro: raff digital gmbh, Riederich
Druck und Bindung: Oertel+Spörer Druck und Medien-GmbH+Co., Riederich
Printed in Germany
ISBN 978-3-88627-563-2

Inhaltsverzeichnis

1,0 Australorps, schwarz (Wilhelm Osterkamp, Löhne)

Vorwort

Die Welt, in der wir leben, befindet sich in einem dauernden Wandel. Viele Menschen empfinden diesen Wandel als immer schneller, sodass sie kaum folgen können. Als Ausgleich suchen sie Erfüllung in einer Rückbesinnung auf schon als vergessen oder überholt gesehene Lebensweisen. Die „grüne“ Revolution, alternative Ernährung mit biologisch erzeugten Lebensmitteln und eigene Tierhaltung sind dafür ein Ausdruck. Futter- und Lebensmittelskandale verunsichern den Konsumenten.

Heute möchten die Verbraucher nicht nur billige, sie wollen immer häufiger auch wieder gute Lebensmittel. Was liegt näher, als sich mit einer eigenen Hühnerhaltung den Wunsch nach dem gesunden und selbst erzeugten Frühstücksei zu erfüllen.

Dieses Buch soll eine kleine Anleitung sein, damit der Traum praktisch umsetzbar wird. Mit den Australorps und Zwerg-Australorps bietet sich dazu eine Rasse für fast alle Platzverhältnisse an, denn die Tiere sind ruhig, zutraulich, anspruchslos und leistungsfähig.

Gleichzeitig hat der Rassegeflügelzüchter, der die Eigenschaften dieses schönen Huhns erhalten und steigern will, ein umfassendes Handbuch zum Nachschlagen von Wissen und Erfahrung in der Hand. Gerade auf Ausstellungen zeigt unser Australorps-Huhn, egal ob als Groß- oder Zwergrasse, seine besondere Ausstrahlung – sei es die gediegene Eleganz, sei es die grünschillernde Farbe der Schwarzen, der schöne Kontrast von rotem Kopf, schwarzen Läufen und dem reinweißen Gefieder bei unseren Weißen oder das samtige Farbenspiel der Blau-Gesäumten.

Unvergesslich bleibt mir der erste Eindruck, den ich als junger Züchter von dieser fantastischen Rasse hatte: Mein Verein richtete 1986 die Bezirksschau Rheinland-Nassau aus. Beim Einliefern staunte ich über eine lange Reihe mit kraftstrotzenden herrlich grünglänzenden schwarzen Hähnen und Hühnern, die auch im Schaukäfig ihre Eier legten. Kurz danach zogen die ersten schwarzen Australorps bei mir ein und die Faszination hält bis heute an.

Den vielen Zuchtfreunden gehört mein Dank, die ihre Anregungen und ihr Wissen zu diesem Werk eingebracht haben. Besonders dem stellvertretenden Vorsitzenden des SV Horst Schmidt, dem Zuchtwart Hubert Windler und dem Vorsitzenden des Bezirkes Süd-West Ralf Scheider – alle drei versierte Sonderrichter und erfolgreiche Züchter – sei gedankt für die geduldig ertragenen Nachfragen und die fundierten Auskünfte. Herzlich danken möchte ich auch dem Verlag Oertel+Spörer, der das Erscheinen dieser Schrift ermöglicht hat.

Buch, im Juni 2013
Norbert Leicher
1. Vorsitzender
Sonderverein der Australorps- und
Zwerg-Australorps-Züchter

Ursprung

Mit den Australorps und besonders mit den Zwerg-Australorps haben wir eine recht junge Rasse vor uns. Die exakte Entstehung der Australorps ist jedoch nicht genau festgehalten.

In Australien wurden um 1920 einheimische Hühnerrassen mit englischen Orpington, Croad Langschan und vermutlich noch anderen Rassen verpaart. Die Nachkommen bezeichnete man zuerst als „Australian Orpington“, später dann einfach als „Australorps“.

Der Antrieb für diese Kreuzungen war wirtschaftlichen Ursprungs: Die Farmer brauchten frohwüchsige Hühnerrassen, deren Hähnchen schnell schlachtreif waren, und die Hennen sollten möglichst früh große und viele Eier legen. Das heutige Zuchtziel einer Zweinutzungsrasse für alternative Haltungsformen war damals hochmodern, denn Hybrid-Züchtungen mit einseitiger Nutzung als Legehennen oder Schlachthähnchen waren noch unbekannt.

Diese neue Rasse machte durch hervorragende Legeleistung auf sich aufmerksam. So wird häufig ein Legewettbewerb zitiert, bei dem in Victoria/Australien sechs Australorps-Hennen innerhalb von 365 Tagen sagenhafte 1722 Eier legten – das sind im Durchschnitt 287 Eier pro Henne. Eine Henne soll sogar 338 Eier gelegt haben. Die mitgeprüften Leghorns als damals führende Legerasse schafften es „nur“ auf 283 Eier pro Henne. In einem anderen amtlichen Wettbewerb in Neusee-

1,0 Australorps, schwarz (Heinrich Sue, Landwehr)

land legte die Spitzen-Australorps-Henne 361 Eier. Zum Vergleich: Heutige Hybrid-Legehennen legen unter optimalen Bedingungen etwa 320 Eier im Jahr.

Bei Leistungsprüfungen in den USA zwischen 1956 und 1960 lag die Legeleistung bei 187 bis 239 Eiern pro Jahr. Das entspricht auch den heute üblichen Zahlen.

Amerikanische Züchter importierten um 1925 diese Rasse und entwickelten sie weiter. 1929 wurden sie in den amerikanischen „Standard of Perfection“ aufgenommen.

Obwohl in alten Geflügelzeitungen schon um 1930 etwas über unsere Rasse geschrieben wurde, bekam man sie in Deutschland auf den Großschauen erstmals 1950 zu Gesicht. Die meisten Bruteier wurden von Leistungsfarmen aus Amerika, aber auch aus Südafrika importiert. Es blieb daher nicht aus, dass die Hühner vom Typ her extrem unterschiedlich waren. Die Selektion in den USA erfolgte ausschließlich auf Leistung und Vitalität.

Schnell kamen die europäischen Züchter auf die Idee, andere Rassen zur Typverbesserung einzukreuzen. Aus dem deutsch-holländischen Raum stammten Australorps, die aus Einkreuzungen mit Rheinländern und dunklen Barneveldern hervorgegangen waren. Damit wurden die Federbreite und der Schwanzaufbau deutlich verbessert. Aus diesen Nachzuchten sind viele Siegertiere hervorgegangen.

Aus England kamen andere Australorps, die durch ihren intensiven Grünlack auffielen und durch weitere Einkreuzungen diverser Rassen an Eleganz und Form gewannen. Die in den 1950er-Jahren gezeigten Tiere waren also sehr inhomogen. In den Händen der Züchter in Deutschland und Europa, meist in kleinen Linienzuchten, entwickelten sich die Australorps zu ihrer heutigen ausgereiften Form.

Entstehung der Farbenschläge

1952 wurden die schwarzen Australorps durch den BZA in den Standard aufgenommen und als Ausstellungsrasse zugelassen, nachdem sie im Vorjahr in Hannover und Frankfurt/Main ausgestellt wurden.

In den 1950er-Jahren wurden schwarze Australorps mit weißen Leghorn gekreuzt. Solche Kreuzungen nutzten den Heterosis-Effekt, denn diese Hennen hatten eine hervorragende Legeleistung und Vitalität. In Leistungsprüfungen erbrachten sie 244 Eier in 360 Tagen (Quelle: Handbuch der Tierzüchtung, Hrs. Haring et. al., Verlag Paul Parey, 1961). Diese auch „Austra white“ genannten Kreuzungen weckten das Interesse an weißen Australorps. Aber bis zur konsequenten Umsetzung sollte es noch dauern.

Der Züchter Wilhelm Winkler erzielte aus einer Verpaarung eines schwarzen Hahns und einer Hybridhenne schwarzweiße Küken. Weiter waren Heinz Körner und Bruno Gustmann an der Erzüchtung

1,0 Australorps, weiß (Gerald Schons, Pilsach)

1,0 Australorps, blau-gesäumt (Gerhard Knapp, Fürth-Grumbach)

beteiligt. Über langjährige Auslese wurde der Weiß-Anteil gesteigert und gefestigt. Später wurden weiße Plymouth Rocks, weiße New Hampshire und weiße Ramelsloher zur Verbesserung der Farbe eingesetzt. Auf der Nationalen in Dortmund 1980 standen dann endlich 13 weiße Australorps im Vorstellungsverfahren. Ihre Qualität war so überzeugend, dass sie bei der BDRG-Bundestagung in Berlin 1981 anerkannt wurden.

Der blau-gesäumte Farbenschlag sollte das Trio abrunden. Er wurde bei den Großen von Emil Sasse aus Hamm erzüchtet und vom Bundeszuchtausschuss 1988 anerkannt. Die ersten Tiere kamen interessanterweise aus einer Verpaarung von Schwarz x Weiß. Zur weiteren Entwicklung wurden neben Blauen Niederrheinern und Orpington später auch Blaue Andalusier und blaugesäumte Rheinländer eingekreuzt.

Entstehung der Zwerg-Australorps

Wie auch bei vielen anderen Rassen kam es sehr schnell zur Verzwergung der Großrasse. So wurden die schwarzen Zwerg-Australorps 1960 in Westdeutschland anerkannt. Schon 1956 wurden sie von Adolf Schwandt aus Altlünen in Hannover gezeigt. Er hat den Werdegang seiner Zuchtarbeit dokumentiert:

Im ersten Jahr verpaarte er einen recht kleinen Australorps-Hahn mit einer schwarzen Zwerg-Wyandotten-Henne. Schnabel- und Lauffarbe sowie die Kämme machten ihm schwer zu schaffen. Aus einer anderen Zucht erhielt er Nachkommen von Australorps x Zwerg-Rhodeländern, die er mit seinen Tieren verpaarte. Interessanterweise war diese zweite Generation zierlich und hatte – wen wundert's – auch Probleme mit der Augenfarbe. Nun wurde ein blauer Wyandotten-Hahn eingekreuzt, in der nächsten Generation ein Barnevelder-Hahn. Mit diesen Paarungen verbesserte sich die Form, jedoch war das für Augen- und Lauffarbe eher kontraproduktiv. Deshalb wurde ein schwarzer Zwerg-Langschan-Hahn an die beste Henne gepaart und nun konnte man die Nachzucht durchaus als Zwerg-Australorps bezeichnen. Natürlich waren diese Tiere noch nicht reinerbig, aber die Basis war geschaffen. Durch Linienzucht konnten die Rassemerkmale verbessert werden und die Vitalität blieb erhalten.

In Ostdeutschland wurden zur Lipsia-Schau in Leipzig dann 1966 die ersten schwarzen Zwerge vorgestellt, die der VKSK 1969 anerkannte.

1,0 Zwerg-Australorps, weiß (Achim Pohl, Gernsheim)

In Hannover wurden 1964 zum ersten Mal 4,7 weiße Zwerge ausgestellt, allerdings verschwanden sie dann leider wieder. Sie entstanden später bei Friedrich-Wilhelm Mayland aus Wermelskirchen eher zufällig aus einer Paarung von einem Zwerg-Barnevelder-Hahn und einer schwarzen Zwerg-Australorps-Henne. Diese Kreuzungstiere wurden untereinander verpaart und einige der Küken waren weiß. Sie waren so rassetypisch, dass Mayland das Vorstellungsverfahren 1970 anging. Sie wurden 1973 vom Bundeszuchtausschuss anerkannt.

0,1 Zwerg-Australorps, schwarz (Fritz Dieter Hawes, Versmold)

0,1 Zwerg-Australorps, blau-gesäumt (Günther Kieslich, Ostrau)

Als dritte Variante ist der blau-gesäumte Farbenschlag 1981 von Herbert Tödtmann (Minden) vorgestellt und 1986 zugelassen worden. Sie wurden durch die Einkreuzung von blauen Zwerg-Niederrheinern erzüchtet.

Der Standard

Australorps

Herkunft:
In Australien zu Wirtschaftszwecken aus Orpington entwickelt und seit 1926 dort als Rasse gezüchtet. 1929 in den USA und 1952 in Deutschland anerkannt.

Bedeutung:
Schnellwüchsiges, frühreifes Zwiehuhn. Bei hoher Legeleistung für gute Fleischnutzung veranlagt.

Gesamteindruck:
Ein lebhaftes, kräftiges Huhn von mittlerem Gewicht, mäßig langem, breitem Körper und gut anliegendem Gefieder.

Rassemerkmale des Hahns:
Rumpf: breit; mäßig lang; fast waagerecht getragen.
Hals: mittellang mit vollem Behang.
Rücken: mäßig lang; gleichbleibend breit; vom Hals bis zur Mitte leicht abfallend und danach über den Sattel zum Schwanz hin ansteigend.
Schultern: breit; gut gerundet.
Flügel: gut anliegend; waagerecht getragen; mit breiten Hand- und Armschwingen.
Sattel: breit; voll; seitlich gerundet.
Schwanz: mittellang und breit; gut mittelhoch getragen; zahlreiche gut gebogene Deckfedern und Nebensicheln verdecken fast die Steuerfedern; Hauptsicheln breit und gut gebogen.
Brust: breit; voll; vorgewölbt.
Bauch: voll; gut entwickelt und flaumreich.
Kopf: mittelgroß.

1,1 Australorps, schwarz (Gemälde von Jakob Relovsky)

1,0 Australorps schwarz (Harald Zabel, Sindelfingen)

Gesicht: rot; von feinem Gewebe; federfrei.

Kamm: einfach; von mittlerer Größe; fest aufsitzend; vier bis sechs Zacken; Fahne folgt der Nackenlinie, ohne aufzuliegen.

Kehllappen: mittelgroß; gut gerundet.

Ohrlappen: mittelgroß; länglich; fein im Gewebe; rot.

Augen: dunkelbraun; bei den Weißen bis rotbraun.

Schnabel: kurz; kräftig; gebogen. Farbe siehe unter Farbenschläge.

Schenkel: kräftig; mäßig lang aber gut sichtbar.

Läufe: mittellang; unbefiedert; Farbe siehe unter Farbenschläge.

Zehen: gerade; gut gespreizt.

Gefieder: möglichst breite Federn; fest anliegend.

Rassemerkmale der Henne:

Die breite, etwas länglich wirkende Form kommt bei der Henne besonders zum Ausdruck. Die Rückenlinie wie beim Hahn. Volle Brust- und gut entwickelte Bauchpartie. Der aus dem breiten Sattel gut mittelhoch getragene Schwanz mit breiten Steuerfedern, die breit, aber nicht gefächert getragen werden. Die Schenkel sind gut sichtbar. Mittelgroßer Stehkamm.

Grobe Fehler Rassemerkmale:
Schmaler Körper; flache Brust; zu wenig entwickelte Bauchpartie; zu tiefer, zu hoher oder zu enger Stand; zu kurzer Rücken; schmaler, spitzer Schwanz; starke Kissenbildung; grober Kopf; helle Augenfarbe; Weiß in den Ohrlappen; gelbe Fußsohlen; dunkle Gesichtsfarbe.

Gewicht: Hahn 3 bis 3,5 kg; Henne 2 bis 2,5 kg.

Bruteier-Mindestgewicht: 55 g.

Schalenfarbe der Eier: Hellbraun.

Ringgrößen: Hahn 22 mm; Henne 20 mm.

Zwerg-Australorps

Herkunft:
In Deutschland aus Australorps, Zwerg-Orpington, dunkelläufigen Zwerg-Barnevelden und Deutschen Zwerg-Langschan erzüchtet.

Gesamteindruck:
Ein vitales, recht lebhaftes, aber zutrauliches Zwerghuhn, das in seinem ausgeglichenen Typ der Großrasse nahekommt.

Rassemerkmale Hahn:
Siehe Australorps.

Rassemerkmale Henne:
Siehe Australorps.

Grobe Fehler Rassemerkmale:
Siehe Australorps.

Gewicht: Hahn 1300 g; Henne 1000 g.
Bruteier-Mindestgewicht: 40 g.
Schalenfarbe der Eier: Hellbraun.
Ringgröße: Hahn 15 mm; Henne 13 mm.

Form und Typ der Australorps und Zwerg-Australorps

Die Australorps und Zwerg-Australorps sind heute in allen Farbenschlägen nahezu gleich weit durchgezüchtet, auch wenn bei den Blau-Gesäumten etwas größere Schwankungen vorhanden sind. Jedes Jahr erhalten Tiere in allen Farbenschlägen auf nationalen Ausstellungen Höchstnoten. Das ist mit gezielter und konsequenter Zuchtarbeit durch Linienzucht und regelmäßigen Austausch von Zuchttieren erreicht worden und muss auf diesem Weg weiter verbessert werden.

1,0 Zwerg-Australorps, weiß (Andreas Titz, Ebsdorfergrund)

Auch wenn immer wieder Züchter versuchen, mit Einkreuzungen anderer Rassen bestimmte Merkmale zu verbessern, kann das heute nicht mehr als der richtige Weg bezeichnet werden. Es stehen genügend Australorps zur Verfügung, die zur Verbesserung anderer Zuchten genutzt werden können. Dadurch wird ein mühsamer und oft entmutigender Weg vermieden, der bei Fremdeinkreuzungen durch Rückpaarung über Generationen bei strengster Auslese erforderlich ist. Nach Jahren der Selektion und nach vielen Kreuzungsexperimenten muss der Züchter oft enttäuscht feststellen, dass das gewünschte Merkmal nicht wesentlich weiter gefestigt wurde. Vielleicht wurden sogar negative Eigenschaften in den eigenen Zuchtbestand eigeschleust!

Die richtige Form

Am Anfang steht die Form. Das ist eine wesentliche Aussage bei der Beurteilung aller Geflügelrassen. Leistung ist nicht auf den ersten Blick zu erfassen, die richtige Form kann dagegen recht einfach erkannt werden. Die vorstehende Standard-Beschreibung hilft uns dabei. Aber wie alle Beschreibungen ist auch der Standard interpretationsfähig. Hier soll der Versuch gemacht werden, die genannte Typisierung entsprechend dem heutigen Zuchtstand und Erfahrungsstand auszulegen.

Mit den Australorps und deren Zwergen haben wir einen Typ, der optimale Bedingungen für gute Leistungseigenschaften in der Aufzucht und Legeleistung zugrunde legt. Kein Merkmal wird übertrieben.

Ausgangspunkt für ein kräftiges und vitales Huhn ist ein stabiler **Rumpf,** der Platz für Muskelansatz und Legeorgane bietet. Die leicht vorgewölbte, breite Brust muss den Rumpf deutlich rund abgrenzen und darf nicht zu tief getragen werden.

Wichtig ist die gleichbleibende **Rückenbreite,** die am besten beim Blick von oben beurteilt werden kann. Die **Rückenlinie** bietet ein deutliches Unterscheidungsmerkmal zu anderen Rassen; sie soll nach den Schultern bis zur Rückenmitte leicht abfallen und erst danach allmählich zum Schwanz ansteigen.

Der **Schwanz** mit seinen breiten und kräftigen Sicheln und Nebensicheln wird von den **Deckfedern** gut eingehüllt. Der Standard gibt für den Schwanz an: mittel-

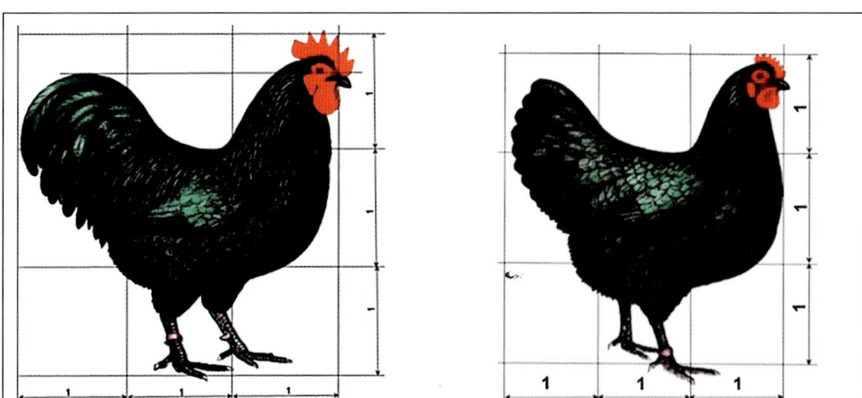

Proportionen der Australorps im Raster

lang und breit, mittelhoch bis hoch getragen. Das lässt einigen Spielraum. Hier sollte gelten: höchste Stelle des Schwanzes in etwa auf Augenhöhe. Ansonsten erscheinen die Tiere zu flach oder zu steil. Größe, Rumpflänge und Volumen dürfen nicht durch lange Steuerfedern und Schwanzfülle vorgetäuscht werden.

Die **Steuerfedern** werden leicht gespreizt, aber nicht gefächert getragen. Dadurch wird eine harmonische Schwanzbreite erzielt. Manchmal sieht man Hennen, die breite Steuerfedern haben und einen schmalen Schwanz zeigen. Sie kneifen die Steuerfedern zusammen. Solche Tiere sind nur mit Vorsicht in der Zucht zu verwenden. Auch die Lage der Steuerfedern ist zu beachten. Sind sie seitlich gedreht, spricht man von einem Dachschwanz. Das täuscht manchmal Breite vor, ist aber ebenfalls ein Zucht-Ausschlussgrund.

Die oberste Schwanzfeder, die Deckfeder, soll leicht gekrümmt sein und besonders bei der Henne die Schwanzform harmonisch nach oben und hinten sachte abrunden. Solche Hennen sind Voraussetzung, um Hähne mit voller Besichelung zu züchten.

Dringend zu achten ist auf die **Federstruktur**. Haben die Federn einen zu großen Flaumanteil, wird sich am Übergang vom Rücken- zum Schwanzgefieder eine

0,1 Australorps, schwarz (Harald Zabel, Sindelfingen)

sogenannte Kissenbildung ergeben. Das gilt genauso für die Federn im Schenkelbreich und zum After hin. Besonders die Hennen sind darauf zu untersuchen. Bei einem zu weichen oder lockeren Gefieder verliert sich der geforderte freie, mittelhohe Stand optisch, obwohl er vom Skelett meistens vorhanden ist. Breite, feste Federn mit einem kräftigen Kiel und angemessenen Flaumanteil sind die Basis für die geforderten Proportionen und außerdem für Grünglanz beim schwarzen Farbenschlag ebenso wie für die Saumbildung bei den Blau-Gesäumten.

Die **Flügel** mit ihren breiten Hand- und Armschwingen sollen waagerecht, eher noch ein wenig angezogen getragen werden. Auf Ausstellungen sehen wir oft, dass gerade die Hähne in Imponiergehabe verfallen und die Flügel dabei hängen lassen. Hier ist Fingerspitzengefühl angesagt. Oft hilft auch ein Schautraining, um die Hähne an diese Situation zu gewöhnen. Hängeflügel sind bei der Bewertung als Mangel aufzuführen.

Der mittelhohe **Stand** wird durch die leicht sichtbaren Oberschenkel betont. „Störche" und „Bauchrutscher" stören die harmonische Erscheinung. Wichtig ist eine entsprechende Lauf- und Schenkellänge, aber auch ein genügend straffes Gefieder. Wie bereits erwähnt: Ein zu weiches Gefieder deckt die Schenkel ein und täuscht dadurch einen niedrigen Stand vor. Das kann man besonders bei Althennen beobachten, die durch fleißiges Eierlegen im Gefieder weicher und matter werden. Ihre Lauffarbe hellt dann häufig auf.

Unsere Australorps und auch die Zwerg-Australorps dürften zu den Rassen gehören, bei denen durchaus höchste Ansprüche an die **Kopfpunkte** gestellt werden können. Schon der Kontrast von Gefieder, Auge, Schnabel, Kamm und Kehllappen und deren harmonische Proportionen wirken faszinierend. An einem leuchtend roten Gesicht lässt sich unmittelbar die Vitalität der Tiere erkennen. Die dunkelbraun verlangten Augen verleihen unserer Rasse einen keck wirkenden Ausdruck. Rote oder gelbe Augen sowie ungleiche Augenfarbe entwerten ein Zuchttier.

Ein Blickfang ist der **Kamm,** der mit seinen vier bis sechs Zacken das Haupt krönt. Das Kammblatt soll mittelgroß und weder zu fleischig noch zu zierlich sein. Auch ein Umfallen oder seitliches Kippen ist nicht erlaubt. Seitliche Mulden am Kamm sehen wir ebenfalls nicht gern.

Die **Kammfahne** folgt der Nackenlinie, ohne dort aufzusitzen, und soll gut abgerundet erscheinen. Tiefe Einschnitte entwerten das harmonische Bild, leichte Einkerbungen sollten jedoch toleriert werden. Als Richtlinie soll die Fahne nicht über der Waagerechten liegen. Das gilt auch für gut legende Althennen. Gute Legerinnen mit prima Kammfahne sind sehr wertvoll für die Zucht. Die gut gerundeten Kehllappen ergänzen mit ihrer angemessenen Größe das harmonische Erscheinungsbild. Querfalten stören und manchmal sehen die Kehllappen am Ansatz wie aufgeschoben aus, das können wir in der Zucht nicht gebrauchen. Keinesfalls dürfen in den roten Kopfteilen weiße Einlagerungen auftreten; das stört den Gesamteindruck und schließt das Tier von der Zucht aus.

Bei den großen Australorps sehen wir oft sehr schnittige Tiere im Käfig, die eher an der Untergrenze des Standard-Gewichts liegen. Entspricht das dem Zwiehuhn-Charakter? Wir wollen keine schwarzen Möwen. Auf keinen Fall darf sich bei ihnen der Ring abstreifen lassen, denn dann sind die Tiere wirklich zu schwach im Körper. Auf der anderen Seite wollen wir auch keine übergroßen und grobknochigen Klötze im

Käfig. Der goldene Mittelweg ist wie überall auch hier angemessen.

Umgekehrt sind viele Zwerg-Australorps deutlich schwerer, als es nach dem Standard zulässig ist. Auch hier sind Züchter und Zuchtrichter gleichermaßen gefordert, dass es keine Übertreibungen gibt. Vor einigen Jahren wurde das Standard-Gewicht bei den Zwerg-Hähnen von 1000 auf 1300 Gramm angehoben, bei den Hennen von 800 auf 1000 Gramm. Das war notwendig, um die harmonischen und gut gerundeten Proportionen zu sichern, aber auch um die Leistungsfähigkeit zu verbessern. Eine Steigerung darüber hinaus sollte nicht mehr erfolgen, schließlich züchten wir ja Zwerghühner.

Der richtige Typ

Immer wieder kommt es zu Diskussionen um den richtigen Typ bei den oben genannten Rassen. Klärung bringt hier auf jeden Fall der Standard, auch wenn ein gewisser Spielraum und ebenso eine individuelle Interpretation der Aussagen zugelassen werden müssen.

1,0 Zwerg-Australorps, weiß (Heinz Kerkhoff, Datteln)

1,0 Zwerg-Barnevelder, weiß (Stefan Wanzel, Heppenheim)

Vergleiche der Proportionen

Am Beispiel der gezeigten Zwerghuhn-Fotos werden die Unterschiede verdeutlicht:

Australorps weisen eine ausgeprägte Rückenlinie auf. Ab dem Schulterbereich fällt die Rückenlinie bis zur Mitte hin leicht ab, das sollte in etwa über den Läufen sein. Dann soll der Rücken bis zum Schwanz allmählich ansteigen. Die Brust

1,0 Zwerg-New Hampshire, weiß (Dietmar Repp, Hungen-Steinheim)

ist nur leicht vorgewölbt. Brustbeinlänge ist wichtig zum Aufbau der Unterlinie, um Volumen und die richtige Flügelhaltung zu erzielen.

Barnevelder sind bei geradem Rumpf im Rücken optisch kürzer. Dieser Eindruck entsteht durch den Anstieg der Rückenlinie direkt nach dem Halsbehang (tiefster Punkt!) und geht erst leicht, dann deutlich hohlrund in den Schwanz über.

Bei den **New Hampshire** ist die Rückenlinie leicht hohlrund. Der tiefste Punkt soll kurz vor bzw. über den Läufen sein. Dann erst steigt die Rückenlinie in der Sattelpartie gut an.

Die Farbenschläge der Australorps und Zwerg-Australorps

Momentan sind drei Farbenschläge bei unserer Rasse anerkannt: Die ursprünglichen Schwarzen prägen noch immer das Bild der Australorps. Die Weißen und die Blau-Gesäumten sind weniger verbreitet, runden aber mit ihren Kontrasten die Palette der Farben harmonisch ab. Da die Anforderungen und Herausforderungen der Zucht bei den Zwergen identisch mit denjenigen der Großrasse sind, werden die Farben gemeinsam beschrieben.

Schwarz

Zuchtziel
Sattes Schwarz mit grünem Glanz. Schnabelfarbe schwarz, helle Spitze beim Hahn gestattet. Lauffarbe und Zehenfarbe schwarz, Zehenunterseite hellhornfarbig.

Der Zuchtstand unserer großen Schwarzen ist auf einem hohen Niveau angelangt, nicht nur in der Spitze, auch in der Breite. Wenn auf Sonderschauen oder auf Bundesschauen lange Reihen der schwarzen Australorps zu sehen sind, ist es für den Laien anstrengend, die Unterschiede von Tier zu Tier zu finden.

Das lackreiche grünglänzende schwarze Gefieder ist genetisch bedingt. Störend sind Blautöne ebenso wie bronzene Farben. Beides scheint erblich zu sein, zumindest die Veranlagung dazu.

Manchmal sieht man Tiere mit blauen Bindenstrukturen im ansonsten herrlichen Gefieder. Hier kann es sich um Mangelerscheinungen während des Wachstums handeln. Durch die entsprechende Sorgfalt bei der Aufzucht, also regelmäßige und angemessene Fütterung und stets saubere Tränken, lässt sich dieses Risiko minimieren. Oft hat die Nachzucht von hervorragend grünglänzenden Eltern plötzlich violette und blaue Töne. Das könnte eine zu starke Ausprägung in diesem Merkmal sein. Tiere mit Brauntönen sollten auf keinen Fall in die Zucht einfließen, dieses Erbgut hält sich hartnäckig.

Der Grünglanz kann durch die Fütterung von ölhaltigen Körnern beeinflusst werden, aber alles mit Maß und Ziel!

Die Küken der Schwarzen schlüpfen schwarz mit weißem Bauch und Flügeln, oft auch einem weißen Ring um die Augen. Das ist die beste Grundlage für ein lackreiches und grünglänzendes Federkleid der Alttiere. Grau-schwarze Küken werden im ausgewachsenen Zustand keinen Grünglanz zeigen; sie bleiben stets samtmattschwarz. Beim Heranwachsen zeigen die Jungtiere mehr oder weniger weiße Schwingen, die manchmal auch wie Schilf aussehen. Das wächst bei der letzten Mauser vom Junghennen- zum Erwachsenenkleid meistens aus. Sichtbares

1,0 Australorps, schwarz (Heinz Gärtner, Hattingen)

Weiß im schwarzen Gefieder und Schilf bei ausgewachsenen Tieren ist jedoch fehlerhaft.

Die Schnabelfarbe wird schwarz gefordert. Laut Standard ist beim Hahn eine helle Schnabelspitze zulässig. Das darf jedoch nicht in einem vollständig hellen First oder gar Oberschnabel ausarten. Wissenswert ist, dass bei Jungtieren der Schnabel durchaus hell sein kann, gerade der Oberschnabelfirst. Es lohnt sich meist, sie weiter aufzuziehen und oft ist der Schnabel bis zur ersten Ausstellung ausgefärbt. Der Lohn kann ein wunderbar grünglänzendes Huhn sein.

Die Lauffarbe und Zehenfarbe ist Schwarz, die Zehenunterseite soll hellhornfarbig bis blassrosa sein. Mehr oder weniger schwarze Flecken stören nicht. Sollte die Zehenunterseite gelb sein oder erscheinen die Läufe grünlich, ist das ein Hinweis auf Einkreuzungen, die durchaus schon länger zurückliegen können. Das sind keine Ausstellungstiere und auch für die Zucht ungeeignet.

Grobe Fehler
Mattes, bronzen glänzendes Gefieder; Violett im Gefieder; Schilf.

Weiß

Zuchtziel
Leicht gelber Anflug im Schmuckgefieder des Hahnes gestattet. Schnabel bläulich weiß bis hellhornfarbig. Lauffarbe Blau, bläulich Weiß noch gestattet. Auge dunkelbraun bis rotbraun.

Die weißen Australorps und Zwerg-Australorps sind mittlerweile so gut durchgezüchtet, dass sie formlich mit den Schwarzen mithalten können. Dieser Zuchtfortschritt konnte durch konsequente Auslese und auch durch regelmäßige Verpaarung mit erstklassigen schwarzen Formentieren erreicht werden. Bei reinerbigen Schwarzen gepaart mit Weiß ist dann die erste Generation schwarz, aber spalterbig in Weiß. Werden diese spalterbigen Schwarzen an Weiße gepaart, ist theoretisch die Hälfte der Nachzucht weiß. Als vorteilhaft hat sich erwiesen, dass die Schwarzen mit möglichst dunklem Gesicht, also was wir uns sonst nicht wünschen, eine gute Lauf- und Schnabelfarbe an die Weißen der nächsten Generation weitergeben. Und die

1,0 Australorps, weiß (Robert Rückel, Markt Bibart)

Form wird durch diese Vorgehensweise ebenso wie die Federbreite sowie die Augenfarbe verbessert. Diese drei Punkte sind immer wieder zu beachten.

Häufig sind die Hennen stärker pigmentiert als die Hähne. Der Kontrast von reinweißem Gefieder zu den leuchtend roten Kopfpunkten und dem schiefergrauen Schnabel und schiefergrauen Läufen begeistert den Züchter genauso wie den interessierten Zuschauer immer wieder.

Der gelbe Anflug konnte weitgehend verdrängt werden. Hier und da tauchen aber immer wieder „Zitronenfalter" auf, besonders bei den Hähnen. Solche Tiere haben in der Zucht nichts zu suchen. Ein leicht gelber Anflug, gerade bei den Hähnen ist jedoch gestattet.

Wichtig und hilfreich ist ein Waschen der weißen Australorps und Zwerg-Australorps etwa eine Woche vor der Ausstellung. Damit werden die Federn von Fremdkörpern gereinigt und die Tiere können sich bestens präsentieren.

Gelegentlich treten schwarzmelierte Federn im ansonsten weißen Gefieder auf. Solange sie nur vereinzelt sind, stören sie nicht sonderlich. Sie können als wichtige Farbstoffreserve angesehen werden. Sichtbar schwarze Federn dagegen sind für die Ausstellung weniger geeignet; diese Tiere können aber sehr wertvoll für die Zucht sein. Einzelne schwarze Federn können vor der Ausstellung gezogen werden, wenn dadurch keine Lücken entstehen.

0,1 Australorps, weiß (Werner Knillmann, Dortmund)

Neulinge in der Zucht staunen oft über die frisch geschlüpften Küken: Sie sind eher bläulich-grau, gelegentlich mit einem gelben Flaum, und haben meist gelb-grünliche Läufe. Diese färben sich schnell um. Die bald sprießenden Federn sind dann schon weiß.

Grobe Fehler
Starker gelber Anflug; andersfarbige Federn. Augenfarbe ohne braunen Farbton.

Blau-Gesäumt

Zuchtziel
Hahn: Gleichmäßiges, reines Taubenblau. Jede Feder mit schwärzlich blauem Saum. Hals- und Sattelbehang, Rücken und Flügeldecken schwarzblau. Schwanz dunkelblau. Der Hahn erscheint im Gesamtbild etwas dunkler als die Henne.
Henne: Gleichmäßiges, reines Taubenblau. Jede Feder mit schwärzlich blauem Saum. Halsbehang erscheint dunkler.
Schnabelfarbe schwarz, helle Spitze beim Hahn gestattet. Lauf- und Zehenfarbe schwarz, Zehenunterseite hellhornfarbig.

Wilfried Detering trifft in seinem Buch „Kämpfer und Zwerg-Kämpfer der Welt" die Aussage: „In der gesamten Rassegeflügelzucht am schwierigsten zu züchten ist der blaue Farbenschlag."

Davon sollte sich der begeisterte Züchter nicht abschrecken lassen, denn jeder Farbenschlag bei allen Rassen hat seine Feinheiten und Erschwernisse. Tatsache ist jedoch, dass die blauen Farbenschläge nie reinerbig zu züchten sind. Wenn ein paar Grundsätze beachtet werden, hat der Züchter ein breites Betätigungsfeld.

Bei der Verpaarung von zwei blauen Elterntieren erhält man immer nur 50 % blaue Küken und jeweils 25 % schwarze und schmutzig-weiße, die heute nach internationaler Vereinbarung „Splash" genannt werden.

Die schwarze Nachzucht ist oft im Glanz und Grünlack den Schwarzen aus reiner Schwarz-Zucht unterlegen, das muss aber nicht sein. Die splashfarbigen Tiere sind zurzeit noch nicht anerkannt. Sie können, falls sie in Form und Typ gut sind und keinen bräunlichen oder rötlichen Anflug haben, durchaus mit schwarzen Partnern verpaart werden. Eine solche Zusammenstellung bringt dann nur blaue Küken hervor. Leider lässt sich im Voraus keine Aussage über die farbliche Qualität dieser Küken machen. Hier muss jeder selbst probieren und seine Erfahrungen sammeln.

Es gibt viele Veröffentlichungen dazu, ob diese Verpaarung von Schwarz x Splash besser oder schlechter ist als Blau x Blau. Jedoch weichen die einzelnen Erfahrungen der Züchter stark voneinander ab. Oft sind die Grundfarbe und die Zeichnung der Nachzucht sehr unruhig, manchmal sind auch wahre Perlen dabei. Auf jeden Fall lohnt es sich, Elterntiere über mehrere Jahre zusammen zu lassen, wenn sie gute Nachzuchttiere erbracht haben.

Bis jetzt wurde allgemein von „Blau" gesprochen. Bei unseren Australorps und Zwerg-Australorps haben wir eine Rasse mit dunklen Läufen vor uns. Wie bei anderen dunkelläufigen Rassen gilt auch hier, dass auf der taubenblauen Grundfarbe ein möglichst gleichmäßiger schwarzer Saum ohne Unterbrechung die Feder begrenzt. Da die Halsfedern schmäler sind als zum Beispiel die Bauchfedern, erscheinen Hals und Schwanz dunkler. Das gilt auch für das Sattelgefieder des Hahns, das eher blauschwarz erscheint.

1,0 Zwerg-Australorps, blau-gesäumt (Hans-Peter Wilhelm, Ramstein-Miesenbach)

Bedingung für einen gut angelegten Saum ist eine entsprechend breite und gut gerundete Feder. Dafür werden oft schwarze (Zwerg-)Australorps mit breiten Federn und bestem Typ mit Blau-Gesäumten verpaart. Die Nachzucht wird meistens eine breite Feder aufweisen.

Da man den Schwarzen nicht ansieht, ob sie andere Farben in ihrem Erbgut verdeckt tragen, staunt der weniger erfahrene Züchter, wenn dann plötzlich in der Nachzucht Braun- oder Rottöne im Hals und Sattel auftauchen. Auch die Ausprägung des Saumes kann mangelhaft sein, manchmal macht die Zeichnung einen verwaschenen Eindruck. Dann sollte der Versuch mit anderen Schwarzen wiederholt werden, denn er ist im Allgemeinen lohnend.

Gleiches gilt für die Verpaarung von Schwarz x Splash. Eine gute Saumanlage bedeutet, dass wir den Saum im Schenkelgefieder durchgehend finden. Das sind Perlen, die für die Zucht sehr wertvoll sind. Solche Hühner können auch mit einzelnen Mängeln in den Zuchtstamm, wenn die Abstammungskontrolle gewährleistet ist. Bei Hähnen ist es einen vorsichtigen Versuch wert.

Immer wieder wird über den richtigen blauen Farbton diskutiert. Der Standard fordert ein Taubenblau. Bei der Vielzahl an blauen Taubenfarbenschlägen sollten wir uns an den blauen Strassern orientieren. Aber etwas heller oder dunkler ist nicht störend, solange ein deutlicher Kontrast zum Saum und eine möglichst gleichmäßige Grundfarbe vorhanden sind.

Dieses Zuchtziel ist schwer zu erreichen, aber möglich. Das zeigt sich auf unseren Ausstellungen immer wieder, wenn wir staunend vor hochprämierten Blau-Gesäumten stehen. Konsequente Auslese ist dafür erforderlich, viel Geduld und Ausdauer in der Zucht und auch eine gewisse Freude am Experiment.

Braune oder bräunliche bis rostige Farbtöne wollen wir nicht. Da sie sich in der Zucht hartnäckig vererben, dürfen solche Tiere nicht in den Zuchtstamm. Helle Tiere neigen dazu, im Hals und im Sattel braune Farbtöne zu zeigen. Viele Züchter bevorzugen deshalb eher dunklere Typen, da sie weniger zu Braunverfärbungen neigen. Wichtig ist aber, dass der Kontrast von Grundfarbe zu Saum vorhanden ist und die Hühner nicht zu düster werden.

Gelegentlich fallen vor allem Zwerg-Hähne auf, die hauptsächlich im Schwanzgefieder ein Streifen- oder Sperbermuster zeigen. Ob das Relikte von mehr oder weniger lang zurückliegenden Einkreuzungen von blau-gesperberten Niederrheinern sind, mag dahingestellt sein. Jedenfalls sind sie für Zucht und Ausstellung wertlos.

Die Küken sehen auf den ersten Blick aus wie die Küken der Schwarzen, sie haben die schwarzen Flaumfelder mehr oder weniger grau statt schwarz ausgeprägt. Einige sind von schwarzen in den ersten Tagen nicht zu unterscheiden, also sollten schwarze Eintagsküken nicht vorzeitig an Hühnerhalter zur Aufzucht aussortiert werden. Je nach Zusammenstellung der Elterntiere sind auch hellgrau-schwarz gefleckte Küken dabei, die späteren Splash oder Fehlfarbig-Weißen bzw. Andalusier-Weißen.

Grobe Fehler
Rost im Gefieder; fehlende oder stark verschwommene Säumung; andersfarbige Federn; Grünglanz; Schilf.

Zucht und Haltung

Unsere Australorps und Zwerg-Australorps sind sehr anspruchslos in der Zucht und Haltung. Mit einem einfachen Lege-Alleinfutter und einem Körnerfutter oder auch mit eigenen ausgewogenen Mischungen, die mit Mineralien und entsprechend mit einem eiweißhaltigen Futtermittel ergänzt wurden, erbringen sie beste Leistungen. Wichtig ist, sie nicht zu überfüttern. Verfettete Hühner legen schlecht und auch das Befruchtungsergebnis lässt zu wünschen übrig.

Wenn die Hühner zusätzlich im Auslauf die Möglichkeit haben, Grünfutter und Insekten aufzunehmen, ist im Regelfall keine weitere Ergänzung erforderlich.

Zuchtmethoden

Mit **Inzucht**, also der Verpaarung sehr nah verwandter Tiere wie Geschwister oder einem Elternteil und seinen Nachkommen, können bestimmte Merkmale gezielt in einer Zucht verstärkt und verankert werden. Um das Risiko von Inzuchtschäden zu verringern, hilft die **Linienzucht.** Die Zuchttiere sind nicht so eng verwandt, sollen aber noch eine entsprechend starke Ausprägung des gewünschten Merkmals haben. Je weniger die Partner eines Zuchtstammes verwandt sind, desto geringer ist die Gefahr von Degenerationserscheinungen. Gleichzeitig steigt die Vitalität mit dem **Heterosis-Effekt,** der am deutlichsten bei Kreuzungen verschiedener Rassen auftritt. Solche Tiere sind im Allgemeinen sehr robust und vital.

Früher hat man oft nur einen Hahn mit einer Herde Hennen gehalten. Bei unserer Rasse können das durchaus zehn bis 15 Hennen sein. Die Eier sind recht gut befruchtet und so mancher freut sich über die Wirtschaftlichkeit seiner Herde. Denn schließlich ist nur ein unnützer Hahn da, der keine Eier legt.

Die Fruchtbarkeit der Australorps stellte eine Herde mit 21 Hennen und einem Hahn unter Beweis: Alle neun Eier, die eine Glucke bekam, waren befruchtet, leider blieb ein Küken beim Schlupf stecken.

Was bringt das aber für die Zucht? Zum einen haben alle Küken der Herde den gleichen Vater. Welche Nachzuchttiere kommen im Folgejahr in den Zuchtstamm? Nimmt man einen Junghahn von der eigenen Nachzucht, ist er zu allen Hennen mindestens ein Halbbruder, und so liegt direkt Inzucht vor.

In solch großen Stämmen wird meistens nicht kontrolliert, welche Henne welches Ei gelegt hat. Somit kann auch eine Vollgeschwisterpaarung durchaus vorkommen, falls die komplette Nachzucht einer einzelnen Henne überdurchschnittlich gut ist. Dass das keine Seltenheit ist, wissen erfahrene Züchter, die Fallnest-, also Einzelkontrolle machen. Auch besteht das Risiko, dass der einzige Hahn, den man hat, nicht befruchtet. Deshalb halten manche Züchter einen weiteren Hahn in Reserve. Warum dann nicht direkt eine zweite Herde?

Dann gibt es die Methode, nach der ersten Brutrunde den Zuchthahn auszutauschen. Hierbei sollte man drei bis vier Wochen warten, damit die Sicherheit gegeben ist, dass alle Küken vom neuen Hahn abstammen und nochmals Bruteier sammeln. Im nächsten Jahr kann jetzt zum Beispiel ein Hahn der ersten Brut mit den Hennen der zweiten Brut verpaart werden. Die Wahrscheinlichkeit für enge Inzucht wird verringert, ist aber dennoch nicht ausgeschlossen.

Zwerg-Australorps 0,1, schwarz, und 0,1, blau-gesäumt, im Auslauf

Besser ist die Zucht mit mehreren Hähnen und kleinen Zuchtstämmen. Etliche erfolgreiche Züchter praktizieren dies seit Jahren. So kann bei vier Hähnen, die jeweils zwei bis drei Hennen erhalten, über vier Jahre ohne Hinzubringen fremder Zuchttiere Inzucht vermieden werden. Sind die Hennen eines Stammes nun noch Geschwister oder Halbgeschwister, ist die Einzel-Legekontrolle nicht ganz so wichtig, da wieder die besten Nachzuchthennen eines Stammes als neuer Stamm mit einem Hahn aus einem anderen Stamm zusammengestellt werden. Will man jedoch erfolgreiche Alttiere für die nächste Zuchtsaison auswählen, geht kein Weg an der Fallnest-Kontrolle vorbei.

Der Vorteil des Systems liegt auf der Hand: Der Züchter kennt die Herkunft und somit die Stärken und Schwächen seiner Zuchttiere, die Vererbung ist ihm weitgehend bekannt. Systematisch wird die Nachzucht von Generation zu Generation besser und gleichmäßiger. Irgendwann wird es auch hier erforderlich, sich bei anderen Züchtern Tiere zu besorgen, die bestimmte Merkmale besser ausgeprägt zeigen als die eigenen.

Ob es sinnvoll ist, bei mehreren Stämmen die Zuchthähne während der Brutsaison zu wechseln, muss jeder Züchter selbst entscheiden. Um eine vernünftige Aussage über die Nachzucht einer Henne zu erhalten, sollte diese schon mehr als zehn Küken erbracht haben. Somit ist es besser, die Zuchtstämme zusammen zu lassen. Auch bleibt der Stamm ausgeglichener im Verhalten.

Zuchtring

Je größer die genetische Vielfalt in einer Population, also in einer Rasse ist, desto unwahrscheinlicher ist das Auftreten von Inzuchtschäden. Rein theoretisch sind in einem Zuchtring mit mindestens zwölf Hähnen keine Inzuchtschäden zu erwarten, wenn in jeder Generation ein regelmäßiger Zuchttier-Austausch stattfindet.

Im unten skizzierten Zuchtring gibt der Züchter A im ersten Jahr 15 Bruteier an den Züchter B. Dieser gibt im gleichen Jahr 15 Bruteier an den Züchter C, und so geht es weiter wie in der Grafik zu sehen ist. Im zweiten Jahr erhält C dann 15 Bruteier von A, D bekommt Bruteier von B und so weiter.

In dieser Form werden zwölf Jahre lang Inzuchterscheinungen vermieden. Kommen dann die Zuchtlinien wieder zusammen, ist mit plötzlichen Überraschungen nicht mehr zu rechnen. Bedingung ist, dass aus jedem Satz Bruteier mindestens ein Hahn für die Zucht behalten wird, auch wenn er vielleicht einen vertretbaren Mangel hat.

Die Nachzucht wird es mit Vitalität belohnen und die Mitglieder im Zuchtring er-

Züchter ->	**A**	**B**	**C**	**D**	**E**	**...**
liefert im 1. Jahr an	**B**	**C**	**D**	**E**	**F**	...
liefert im 2. Jahr an	**C**	**D**	**E**	**F**	**G**	...
liefert im 3. Jahr an	**D**	**E**	**F**	**G**	**H**	...
liefert im 4. Jahr an	**E**	**F**	**G**	**H**	**I**	...
...	...	...	...	...	...	...

halten mit der Zeit einen gleichmäßigen und hochwertigen Bestand an Zuchttieren.

Mittlerweile haben sich Zuchtringe bei unterschiedlichen Rassen zusammengefunden, um mit der Weitergabe von Zuchttieren oder Bruteiern in einer festgelegten Reihenfolge die genetische Basis zu verbessern und zu verbreiten.

Dabei sind einige Punkte zu beachten.

Es dürfen nur rassetypische Tiere im Zuchtring vertreten sein, das bedeutet

- Keine Einkreuzungen fremder Rassen!
- Körungen und/oder Ausstellungen sind für Zuchttiere verpflichtend.
- Einsatz von Tieren aus anderen Zuchten ist notfalls auch mit kleinen Wünschen erforderlich, um den genetischen Anteil zu erhalten.
- Leistungsaufzeichnungen über Legeleistung sowie Brut und Aufzucht sind erforderlich.
- Kommerzielle Ziele einzelner Züchter haben in einem Zuchtring nichts zu suchen.

Das Risiko, dass eine unausgeglichene Nachzucht durch die ständige Fremdeinkreuzung entsteht, kann durch Einsatz nur eines von mehreren Stämmen mit dem „neuen" Hahn ebenso minimiert werden wie durch entsprechende Zuchtauswahl. Leider setzt sich der Gedanke von Zuchtringen nur langsam durch. Spielen da etwa Misstrauen, Angst vor eingeschleppten Krankheiten oder anderes mit?

Eine weitere Idee ist Folgende:

Ein Züchter gibt an begeisterte Hühnerhalter einen Zuchtstamm – zum Beispiel 1,4 – kostengünstig ab. Als Gegenleistung gibt der Halter im nächsten Frühjahr 30 Bruteier an den Züchter zurück. Durch diese Möglichkeit hat der Züchter zusätzlich zu seinen von ihm selbst gehaltenen Zuchttieren einen oder mehrere Stämme, die aus seiner Zucht stammen. Ihre Basis ist bekannt, das Risiko unbekannter Herkunft besteht nicht. In den Folgejahren erhält der Halter immer wieder neue Zuchttiere vom Züchter.

Eine weitere Möglichkeit bietet sich auf der Ebene der Bezirksverbände des Sondervereins an:

Die Bezirke des SV können im Frühjahr ein Treffen zum Austausch von Bruteiern veranstalten. Dann hat jedes Mitglied die Möglichkeit, an neues, vorher vereinbartes genetisches Potenzial zu gelangen. Die Herkunft ist bekannt, das Risiko der Verschleppung von Krankheiten ist minimal und die Kosten beim Eiertausch belaufen sich auf das Fahrtgeld.

Freilandhaltung

Mit den Australorps und Zwerg-Australorps haben wir ein Huhn, das für die Freilandhaltung bestens geeignet ist. Die Rasse ist sehr robust und nutzt den Auslauf äußerst gern. Ein wesentlicher Vorteil ist die Neigung, trotz aller Bewegungsfreude nicht zu fliegen. Somit bleibt dem Hühnerhalter und dem Züchter erspart, hohe Zäune zu errichten. Zäune von 1,25 m Höhe genügen also in der Regel. Streitigkeiten mit der Nachbarschaft und Ärger über verwüstete Gärten unterbleiben.

Damit der Auslauf optimal genutzt werden kann, sollte er schon eine gewisse Struktur haben. Bäume eignen sich als Schattenspender, Sträucher bieten Deckung und zusätzliche Nahrungsquellen, denn Insekten halten sich hier gern auf. Das gilt auch für Brennnesseln, die manchmal als Grünzeug gefressen werden. Aber genauso sollten andere Stauden wie Beinwell und Liebstöckel den Auslauf bereichern. Topinambur bietet sich an, sollte

Eine Herde Australorps, schwarz

aber mit einem Maschendraht umgeben werden, andernfalls wird er bis auf den Wurzelstock abgefressen und geht dann leider ein. Ein überdachtes Staubbad erleichtert den Hühnern die Körperpflege.

Für einen Stall ist zum Beispiel bei einer kleinen Herde von einem Hahn und vier Hennen eine Größe von 3 m² ausreichend, für Zwerghühner genügen da 2 m². Dazu

Junghähne von Zwerg-Australorps im Auslauf

sollte ein Auslauf von etwa 4 m² pro Tier gehören.

Die Unterbringung in kleinen transportablen Hütten ist durchaus möglich, wenn dazu der tägliche Auslauf gehört und die Hütte für Fuchs, Wiesel und andere Beutegreifer einbruchsicher ist. Ein Vorteil solcher Hütten ist, dass sie von zwei Personen einfach weitergetragen werden können und dadurch den Hühnern schnell ein frischer Grasauslauf zur Verfügung gestellt werden kann.

Aufzucht und Auslese

Eine Reihe von Tipps erleichtert dem Züchter die Auswahl seiner zukünftigen Schau- und Zuchttiere. Die folgenden Punkte sind kein „Muss“, sondern stellen eine Sammlung von Erfahrungen erfolgreicher Züchter dar. Sicher gibt es noch vieles zu ergänzen, das sprengt jedoch den Rahmen dieses Werkes. Diesen Bedarf zu stillen hilft das Literaturverzeichnis am Ende dieser Schrift.

Die Brut

In der Regel ist das Brut- und Schlupfergebnis unserer Australorps und Zwerg-Australorps sehr gut. Mit einigen wenigen Grundsätzen lässt sich das vom Züchter stabilisieren und auch verbessern.

Bereits beim Sammeln der Bruteier fängt die Auslese der aktuellen Nachzucht an. Ein Ei ist nur dann ein Brutei, wenn es eine ideale Eiform hat, hell- bis mittelbraun gefärbt ist und das im Standard angegebene Mindestgewicht besitzt oder besser noch überschreitet. Hennen, die diese Kriterien nicht erfüllen, werden aus dem

Zwerg-Australorps-Küken

Zuchtstamm aussortiert und dürfen uns die Eier für die Küche liefern.

Verschmutzte Eier bringen das Risiko von Infektionen beim Brüten und somit ein Absterben einzelner oder gar aller Eier mit sich. Die Eier sind möglichst noch warm zu sammeln. Wenn sie zu kalt werden, das heißt unter 5 °C, ist die Gefahr groß, dass der Embryo um den 7. Tag abstirbt. Beim Durchleuchten zeigt sich dann ein Blutring im Ei.

Die Eier werden mit Bleistift beschriftet. Datum und Hennen-Ringnummer oder Stammnummer werden vermerkt. Die Eier werden dann bei etwa 12 °C maximal zwei Wochen gelagert. Dabei ist ein zweimaliges Drehen der Eier täglich sehr hilfreich, um ein Ankleben der Keimscheibe zu verhindern.

Vor dem Einlegen in den Brutautomat werden alle Eier durchleuchtet und solche mit Haarrissen oder Blutflecken aussortiert. Die vorgenannten Maßnahmen gelten übrigens für alle Geflügelarten und sind in der Wirtschafts-Geflügelzucht allgemein üblich.

Brutbedingungen
Die Brutbedingungen entnimmt man am besten den Anleitungen der jeweiligen Brutgeräte. Mit der Zeit wird jeder die Feinheiten, abgestimmt auf die Rasse und den Brutautomaten, herausfinden.

Australorps und Zwerg-Australorps stellen keine besonderen Ansprüche an die Brutparameter. Werden diese Punkte beachtet, so sollte das Befruchtungsergebnis bei 90 bis 95 % liegen und die Schlupfquote ausgehend von den eingelegten Eiern bei 80 bis 90 %.

Beim Schlupf

Zum Schlupf werden die Eier nach Herkunft sortiert in Schlupfhorden eingelegt, falls Einzelkontrollen erfolgten oder stammweise gesammelt wurde. Die geschlüpften Küken werden dann entsprechend markiert. Die beste und auch am wenigsten belastende Methode ist das Anlegen von farbigen und/oder nummerierten Kükenringen. Will man die Leistungseigenschaften seiner Rasse verbessern, ist das Protokollieren der Schlupfleistung genauso wichtig wie der Legeleistung. Schließlich wollen wir nicht nur schöne, sondern auch leistungsfähige Hühner züchten.

Auch wenn viele äußere Einflüsse das Brut- und Schlupfergebnis beeinflussen, so ist Vorsicht geboten, wenn von einer Henne nur ein einziges Küken von zum Beispiel zwölf eingelegten Eiern schlüpft und von anderen Hennen jeweils neun bis zwölf (!). Bestätigt sich das in den Folgebruten, sollten diese Einzeltiere bei aller Schönheit in der Folge nicht weiter in der Zucht verwendet werden, auch nicht die geschlüpften Küken.

Das Heranwachsen

In den ersten vier bis sechs Wochen brauchen die Küken einen trockenen Stall mit viel Frischluft und einer Wärmequelle. In den ersten Tagen sollte die Temperatur bei 32 ° C liegen, danach kann sie langsam gesenkt werden. Die richtige Temperatur ist gegeben, wenn die Küken in einem lockeren Kreis unter der Wärmequelle liegen.

Am besten eignen sich hierzu Keramikstrahler oder elektrische Wärmeplatten, da die Küken von Anfang an in einem natürlichen Tag-Nacht-Rhythmus aufwachsen und dadurch die Gefahr des Federpickens verringert wird.

Zwerg-Australorps-Glucke mit Küken

Wer schon jetzt Küken abgeben kann, hat mehr Platz und weniger Kosten für die verbleibenden Küken.

Mit vier Wochen lassen sich schon grobe Kamm- und Zehenfehler erkennen und für Hobbyhalter können diese Tierchen dann aussortiert werden.

Im Alter von acht Wochen werden der Typ und die Form schon recht gut erkennbar sein, also Rücken- und Unterlinie sowie der freie Stand. Die meisten Zwerg-Australorps müssen mit sieben Wochen beringt werden, die Großen meist erst mit zehn bis elf Wochen. Das muss jeder Züchter für sich selbst ausprobieren.

Ein sehr gutes, wenn auch aufwändiges Auswahlverfahren ist das Wiegen im Alter von acht Wochen und später nochmal mit 16 Wochen. Alle Tiere, die leichter sind als der Mittelwert, aber auch einzelne überschwere Tiere sollten nicht zu Zucht und Ausstellung gelangen. Schwächliche Tiere, die später vielleicht ihr Defizit aufholen, können jetzt schon notiert und aussortiert werden. Dadurch wird die verbleibende Herde gleichmäßiger und die Wachstumsleistung wird im Zuchtstamm gefestigt. Die Annahme, dass diese Maßnahme zu schweren Zuchtstämmen führt, hat sich nicht bestätigt.

Sollten ein Kammfehler, eine schlechte Zehenlage oder andere Abweichungen vom Standard auffallen, werden die betreffenden Jungtiere markiert und können bei Bedarf an Hennenhalter abgegeben werden oder die Hähnchen wandern ab der 14. Woche in die Küche.

Die Leistung

Unserer Rasse wird eine schon legendäre Legeleistung nachgesagt. Bei entsprechend guten Aufzuchtbedingungen legen die Hennen bereits nach fünf Monaten. Jeder

Züchter kann bestätigen, dass die Australorps durchweg gut legen und die Zwerge ihnen nicht nachstehen. Leider haben wir keine neutrale Vergleichsmöglichkeit zu anderen Rassen oder gar Legehybriden. Legewettbewerbe wie noch in den 1960er-Jahren gibt es nicht mehr und zu den Leistungskontrollen der Geflügelwirtschaft haben wir Rassegeflügelzüchter keinen Zugang. Es gibt auch einige grundlegende Unterschiede zwischen den Abläufen in der Wirtschafts-Geflügelzucht und der Rassegeflügelzucht:

Für Leistungskontrollen werden pro Erzeuger-Herkunft im März aus 1000 Eiern Küken erbrütet, von denen etwa 300 Hennen ab Oktober für 365 Tage unter Standard-Bedingungen (Futter-, Wasser-, Lichtmanagement) auf ihre Legeleistung und Futterverwertung hin geprüft werden.

In der Rassegeflügelzucht werden bei einem Züchter in mehreren Bruten etwa 50 bis 100 Küken erbrütet, geimpft und selektiert, alles nach persönlichem Zeitplan. Die Junghennen werden für die Ausstellungen vorbereitet, stehen dann auf den Schauen und werden nach Ende der Schauen zuerst wieder aufgebaut und danach in eine Winterruhe mit gutem, aber reduziertem Futter gebracht. Im neuen Jahr werden die Zuchtstämme nach rassespezifischen Grundsätzen zusammengestellt.

Zum Zuchtbeginn im Frühjahr wird dann das Futter auf Legestatus gebracht und das Tageslicht mit künstlicher Beleuchtung bei Bedarf verlängert. Ein gewisser Teil unserer Hennen wird brüten wollen und dadurch in der Legeleistung gedrosselt. Somit sind Rassehennen wesentlich mehr leistungsbeschränkenden Einflüssen ausgesetzt, als das bei Hybridhennen der Fall ist.

Die Züchter im Zuchtbuch können zwischen 140 und 200 Eier angeben, wobei die genannten Einflüsse leider leistungshemmend wirken.

Ein Ansatz für das tatsächliche Potenzial liefert uns die Rückmeldung von Hennenhaltern, die von uns Junghennen zum Legen erhalten haben. Die Hennen werden immer in der gleichen Herde gehalten und bekommen in der Regel stets das gleiche Futter. Die erzielten Ergebnisse liegen je nach dem „Händchen" des jeweiligen Halters zwischen 130 und 220 Eiern pro Henne, wobei diese Angaben nur schwer oder gar nicht nachprüfbar sind.

Die anfänglich erwähnten hohen Legeleistungen sind auch durch Hybridisierung begründbar. Damit ist nicht ein Verfahren wie in der Wirtschaftsgeflügelzucht gemeint, bei dem aus vier Inzuchtlinien ein Hochleistungs-Legehuhn erzielt wird. Vielmehr ist damit die Wirkung von Einkreuzungen anderer Rassen gemeint. Das war in den 1920er-Jahren in Australien, Südafrika und den USA der Fall und auch in den 1950er-Jahren in Europa und damit auch in Deutschland.

Was können wir daraus lernen? Die Inzuchtlinien der Wirtschaftszüchter, die die Basis der Legehybrid-Hennen bilden, legen auch nicht mehr als etwa 220 Eier im Jahr. Erst durch die Kreuzung mit anderen Linien wird eine Vitalitäts- und damit eine Leistungssteigerung erzielt. Aus den homogenen Inzuchttieren entstehen in der neuen Generation heterogene Kreuzungshennen.

In der Rassegeflügelzucht wird sich eine solche Hochleistung nicht erzielen lassen. Dafür fehlen die finanziellen Ressourcen, um Inzuchtlinien in der erforderlichen Anzahl zu erzüchten und passende Kreuzungslinien zu ermitteln. Das ist auch nicht notwendig. Es genügt, wenn die Züchter darauf achten, die Heterogenität in ihren Zuchten ausreichend groß zu halten. Dazu hilft auch die Teilnahme an Zuchtringen oder die regelmäßige Hinzunahme von Hühnern oder Hähnen anderer Züchter nach Bedarf.

Für uns Rassegeflügelzüchter sind folgende Maßnahmen zur Leistungssteigerung und Zuchttierauslese machbar:

1. Auswahl der Zuchttiere
- nach dem Erscheinungsbild, um die rassetypische Form zu erhalten
- Hennen, die reichlich Eier legen mit mindestens 10 % mehr Eigewicht als das angegebene Mindestgewicht
- Hähne, deren Mütter gute Legehennen sind

2. Kontrolle beim Schlupf der Küken
- Wie viel Küken sind pro Henne geschlüpft?
- Sind die Küken gesund und lebhaft? Das ist bei guten Brutbedingungen ein hervorragender Maßstab für die Vitalität.
- Markieren der Küken als Abstammungsnachweis

3. Kontrolle der Küken
- Wiegen mit acht und 16 Wochen und Aussortieren der Leichtgewichte
- Wachstum
- Vitalität
- Kontrolle der Aufzuchtleistung der Althennen

Das Ausstellungswesen

Ist es noch zeitgemäß, Hühner in Käfigen zu halten? Stellen Rassegeflügelzüchter nur aus, um Pokale und Urkunden zu erringen? Solche und ähnliche Fragen werden immer wieder auf Ausstellungen gestellt.

Der beste und auch objektivste Weg, die Form und die Farbe von Rassegeflügel zu erkennen und zu bewerten, ist das Ausstellen in Käfigen, die eine rassetypisch genormte Größe aufweisen. Zuhause hat jeder Züchter die schönsten Hühner, wie wir alle schon erfahren haben. Oft wird ein gravierender Mangel nicht gesehen, weil bestimmte Vorzüge das Auge auf sich ziehen. Bei Ausstellungen in einer vorgegebenen und für alle gleichen Umgebung, wo auch Tiere anderer Züchter im Wechsel neben den eigenen stehen, ist das schon einfacher erkennbar. Auf diese Weise kann der jeweilige Zuchtstand, der nicht immer nur Fortschritt ist, beurteilt werden.

Die Ausstellungsleitung hat die bestmögliche Versorgung sicherzustellen. Dazu gehören Wasser und Futter, trockene und genügend Einstreu, richtige Beleuchtung mit ausreichend Schlafphasen, aber auch blickdichte Rückseiten der Ausstellungskäfige und bei Bedarf auch Blickschutz zu den Käfignachbarn. Gut ausgebildete Preisrichter orientieren sich am Standard der Rasse und dem jeweiligen Zuchtstand.

Die Bewertung

Auf den Bewertungskarten werden als erstes alle Vorzüge des einzelnen Tieres festgehalten. Dann folgen die Wünsche, also kleine Abweichungen zu den Standard-Vorgaben. Stärkere Abweichungen vom Standard werden in der untersten Reihe als Mängel notiert. Dazu werden auch Noten und Bewertungszahlen vergeben:

Der Rassegeflügelstandard beschreibt jede vom BDRG zugelassene Rasse mit den jeweiligen Farbenschlägen. Das ist die Richtschnur für Züchter und Preisrichter.

Jeder Preisrichter hat eine umfangreiche dreijährige Ausbildung mit Prüfungen abgelegt, bevor er seine Zulassung erhält. Nun sind wir ja alle Menschen, die ein individuelles Schönheitsempfinden haben. Was für den einen mittelhoch ist, ist für einen anderen vielleicht schon zu hoch. Deshalb ist es für beide Parteien wichtig, sich nicht nur auf einer oder wenigen Lokal-

Zwerg-Australorps, schwarz

Die Noten

Vorzüglich = v 97
dem Zuchtstand entsprechend vorzüglich, ohne Wünsche oder gar Mängel
Hervorragend = hv 96
ein leichter Wunsch verhindert die Note v
Sehr gut = sg 93 bis 95
ein bis mehrere Wünsche, jedoch für die Zucht wertvoll
Gut = g 91 bis 92
Wünsche und Mängel, schließen jedoch nicht von der Zucht aus
Befriedigend = b 90
deutliche Mängel, Zuchteinsatz möglich, aber bedenklich
Ungenügend = u 0
nicht rassetypisch
Nicht bewertbar = n.b. 0
zur Zeitpunkt der Schau nicht bewertbar, weil zum Beispiel zu jung oder in der Mauser

schauen zu orientieren, sondern auch auf Landes- oder Bundesschauen nach der jeweiligen Rasse zu schauen und sich am jeweiligen Zuchtstand zu orientieren. Die Sondervereine (siehe dort) tragen mit ihren Informations- und Schulungsveranstaltungen dazu bei, allgemeingültige und verständliche Richtlinien zur Standard-Auslegung in der Züchterschaft zu verbreiten.

Auch wenn der Züchter nicht immer mit der Bewertung des jeweiligen Preisrichters einverstanden ist, sollte er stets in Ruhe kontrollieren, wie stark bei der jeweiligen Henne oder dem Hahn die angesprochenen Wünsche oder gar Mängel zutreffen.

Eine gewisse Aussage zur Vitalität lässt sich auch auf Ausstellungen treffen. Eine gute Schaukondition weist im Allgemeinen auf gute Leistungseigenschaften hin. Gut durchblutete leuchtende Kopfpunkte, ein kecker, wacher Gesichtsausdruck und ein straff anliegendes, glänzendes Gefieder unterstreichen einen gesunden, munteren Auftritt.

0,1 Australorps, schwarz (Kurt Kramer, Friedersdorf)

Schauvorbereitung

Die Schauvorbereitung beginnt schon nach dem Schlupf. Küken, die von klein auf an den Menschen gewöhnt sind, strahlen später mehr Ruhe aus und sind weniger von Stress geplagt. Im ersten Schritt kann der Züchter dazu beitragen, wenn die Küken öfter in die Hand genommen werden. Das muss aber immer von unten, also mit der Hand an den Bauch der Hühnchen erfolgen. Eine Hand von oben wirkt wie ein angreifender Habicht. Das Greifen von unten jedoch lässt bei etwas Gewöhnung unsere Hühner recht ruhig in der Hand ruhen.

Schon die Junghühner sollten an den Ausstellungskäfig gewöhnt werden. Das geschieht am wirkungsvollsten durch das Aufstellen eines Käfigs im Auslauf bei geöffneter Tür. Werden dann im Käfig Körner oder andere Leckerbissen angeboten, nehmen die Hühner diese Umgebung schon mal positiv an. Bei jeder Begutachtung werden sie zusätzlich in den Käfig gesetzt, wo ihnen immer etwas Gutes in Form von Äpfeln, Möhren oder Körnern angeboten werden soll. Natürlich sollte der Züchter jede Hektik beim Fangen so weit wie möglich vermeiden.

Im nächsten Schritt werden die Junghühner an den Transport gewöhnt. Sind ihnen die Kisten bekannt und haben sie die Erfahrung gemacht, dass anschließend der mehr oder weniger vertraute Käfig ihnen eine gewisse Deckung und Versorgung bietet, werden sie wesentlich schneller die Strapazen verkraften.

Alle Hühner sollten vor der Ausstellung sorgfältig in der Hand begutachtet werden. Ist der Hahn oder die Henne gesund und vital? Sind alle Federn vorhanden oder ist das Tier in der Mauser? Stimmen die Voraussetzungen oder kann ich jetzt schon Mängel feststellen? Dann sind Läufe und Gesicht mit warmem Wasser zu reinigen und mit etwas Öl leicht einzureiben.

Sollten die Federn verschmutzt sein, können einzelne Bereiche mit einem nassen Tuch oder unter fließendem Wasser gereinigt werden. Weiße Tiere müssen komplett gewaschen werden, wenn sie auf großen Ausstellungen konkurrieren sollen. Damit genügend Zeit bleibt, dass das Huhn seine Federn ordnen kann, ist das Waschen etwa drei bis vier Tage vor der Einlieferung zu einer Ausstellung vorzunehmen. Das erfolgt in einer ausreichend großen Wanne mit lauwarmem Wasser, dem etwas von einem sanften und geruchsfreien Duschbad (zum Beispiel für Babys) oder Ähnliches zugegeben wurde. Das Mittel darf weder die Feder noch die Geflügelhaut angreifen.

Nach dem Waschen muss das Gefieder in einer zweiten Wanne mit klarem Wasser gründlich ausgespült werden, damit keine Seifenreste zurückbleiben. Manche Züchter geben ein wenig Essig in das Nachspülbad.

Die größte Nässe kann mit einem Badetuch abgetupft werden. Damit das Huhn sich nicht erkältet, sollte es selbstverständlich in einem ausreichend temperierten Raum in einen sauberen Käfig oder auch in einen frisch eingestreuten Stall gesetzt werden. Zu warm darf es auch nicht sein, da sonst die Federstruktur und somit das Tier leidet.

Bevor die Ausstellungskandidaten in die Transportkisten gesetzt werden, sollten sie Gelegenheit erhalten, noch einmal ausreichend Körner und Wasser aufzunehmen. Denn von der Schauvorbereitung bis zum Einsetzen in den Ausstellungskäfig oder die Voliere vergehen gerade bei weiter Anfahrt oft mehrere Stunden.

Die Transportkiste soll so gestaltet sein, dass die Tiere sicher und unversehrt zur Schau gelangen. Der Züchter muss für ausreichend Belüftung sorgen und einem Überhitzen in den Kisten und im Fahrzeug vorbeugen.

Der Sonderverein

Bei der Vielzahl an Hühnerrassen ist eine Organisation sinnvoll, die sich speziell der Förderung und Verbreitung einer einzelnen Rasse oder einer Rassengruppe widmet.

0,1 Zwerg-Australorps, blau-gesäumt (Martin Stichnoth, Wolmirstedt)

Innerhalb des BDRG sind dies die Sondervereine, kurz SV genannt. Die Aufgaben des SV der Australorps- und Zwerg-Australorps-Züchter Deutschlands werden hier kurz beschrieben.

Unsere Rasse mit ihren Farbenschlägen soll entsprechend der anerkannten Musterbeschreibung des BDRG gefördert werden mit dem Zuchtziel auf Leistung und Schönheit. Ein wichtiger Schritt dazu ist die Weiterbildung der SV-Mitglieder durch Züchterschulungen und Tierbesprechungen, weiterhin die Information mittels Rundschreiben. Genauso wichtig ist die Ausbildung von Sonderrichtern und Schulungen zum aktuellen Zuchtstand.

Mit Beiträgen zu unserer Rasse und deren Farbenschlägen in der Fachpresse wird auch die Züchterschaft außerhalb des SV informiert. Noch weiter, nämlich an die nicht organisierten Züchter gerichtet, gehen die Informationen durch die SV-Internetseite. Zurzeit kann nur in einem Sonderverein Mitglied werden, wer vorher in einem Geflügel- oder Kleintierzuchtverein vor Ort Mitglied ist.

Geschichtliches

Anlässlich der LV-Schau Rheinland-Pfalz am 30.11.1952 in Mainz-Finthen wurde in Westdeutschland der Sonderverein für Australorps von neun Züchtern gegründet. Erste Aufgabe unter Leitung von Ludwig Albinius war das Erstellen eines allgemeingültigen Standards für diese in Deutschland noch nicht anerkannte neue Rasse. Gleichzeitig wurde die Aufnahme in den Rassegeflügel-Standard beim Bund für Deutsches Rassegeflügel beantragt. Die Zulassung erfolgte noch im gleichen Jahr.

Am 14.12.1952 wurde im Osten Deutschlands die Spezialzuchtgemeinschaft, abgekürzt SZG, der Australorps von 23 Züchtern auf der LV-Schau Thüringen in Erfurt ins Leben gerufen und durch den VKSK erfolgte im März 1953 die Anerkennung. Helmut Schulze aus Arnstadt wurde zum Vorsitzenden gewählt.

Im Sommer 1990 traf sich eine Satzungskommission in Wildeck-Obersuhl, bestehend aus je drei Mitgliedern des SV und der SZG, um eine gemeinsame Satzung zu erarbeiten

Der problemlose Zusammenschluss von SZG (Ost) und SV (West) erfolgte am 15. Juni 1991 in Weitramsdorf/Oberfranken.

Ein Höhepunkt war unumstritten der Wettbewerb um den „Goldenen Siegerring“ in Hannover 2002. Dort standen 986 Australorps- und Zwerg-Australorps in allen drei anerkannten Farbenschlägen – das höchste Meldeergebnis in der bisherigen Geschichte unserer Rasse!

Weitere Details sind im Buch „50 Jahre SV der Australorps und Zwerg-Australorps“ zu finden, erhältlich beim 1. Vorsitzenden des SV.

Aufbau und Struktur

Zur besseren Betreuung der Mitglieder wurden schon recht früh Bezirke gegründet:

Nordrhein-Westfalen	1954
Kurhessen	1959
Nord	1960
Süd-West	1964
Bayern	1987
Ost	1991

Heute (2013) besteht die Australorps-Familie aus über 300 Mitgliedern, davon sind 18 Jugendliche.

Aktivitäten

Jährlich erhalten alle Mitglieder ein informatives Rundschreiben, die „Australorps-Post", und im Internet unter

www.sv-australorps.de

findet man alle Informationen um die Rasse und den Sonderverein und erfährt, was es an Neuigkeiten gibt.

Die Mitglieder treffen sich zur Sommertagung einmal jährlich. Neben der Jahreshauptversammlung, der Besprechung der Eigenschaften mitgebrachter Australorps und Zwerg-Australorps und einer Sonderrichter-Besprechung kommt die Geselligkeit nicht zu kurz mit Ausflügen und Abendveranstaltungen.

Die Bezirke veranstalten im Herbst Züchterschulungen, bei denen an mitgebrachten Jungtieren der Standard praktisch erläutert und auf Stärken und Schwächen hingewiesen wird. Die anwesenden Sonderrichter stehen für Fragen zur Verfügung und geben Tipps nicht nur für die Ausstellung, sondern auch zu allem rund um die Zucht. Aspekte des Natur- und Tierschutzes können bei diesen Veranstaltungen praktisch dargestellt und Informationen zur aktuellen Gesetzeslage übermittelt werden.

Auch ist bei allen Veranstaltungen der Erfahrungsaustausch, das Gespräch zwischen den Züchtern nützlich und wichtig. Bei den Haupt- und Bezirks-Sonderschauen bietet sich neben der Fachsimpelei zusätzlich die Gelegenheit, Zuchttiere für das nächste Jahr von Vereinskollegen zu erhalten. Nach Möglichkeit wird eine Besprechung der Ausstellungstiere durch die Sonderrichter an den Käfigen durchgeführt.

Australorps international

Wie bei allem, was mit der Zeit geht, entwickeln sich auch Tierrassen weiter. Die Australorps sind weltweit verbreitet und

Zwerg-Australorps, blau-gesäumt auf einer Ausstellung 2012 in Zuidiaaren in den Niederlanden

1,0 Zwerg-Australorps, splash

stellen seit Jahren ihre Leistungsfähigkeit, aber auch ihre Anpassungsfähigkeit unter Beweis.

Über die Jahre ist es nicht ausgeblieben, dass auch die Form der Australorps einen Wandel, einen Fortschritt erlebt hat. Der mittelhohe Stand konnte auf breiter Basis gefestigt werden, eine breite und straffe Feder ist Allgemeingut geworden.

Der Schwanzaufbau ist bei den Tieren in Kontinental-Europa und in den USA wesentlich breiter geworden als im Mutterland Australien und in England. Dadurch sind die Proportionen deutlich gefälliger und der Unterschied zu Plymouth Rocks wird betont. Insgesamt ist die Annäherung in Europa spürbar. Der Austausch von Zuchttieren anlässlich von Schauen, aber auch durch Bruteier unterstützt diesen Vorgang massiv über die Grenzen hinaus. Die europäischen Sondervereine stehen mehr oder weniger eng in Kontakt, sodass für die Zukunft große Chancen für einen ausgedehnten, aber einheitlichen Genpool bestehen.

Ausblick in die Zukunft

Der Mensch ist experimentierfreudig. Sonst wäre eine Weiterentwicklung – egal auf welchem Gebiet – nicht möglich. So wundert es nicht, dass jährlich auf unseren Großschauen neue Rassen und Farbenschläge ausgestellt werden mit dem Ziel, bei entsprechender Qualität in den Standard aufgenommen zu werden. Über Sinn und Unsinn lässt sich lange streiten und nicht immer bedeutet ein neuer Farbenschlag auch neue Züchter. Oft wenden sich Züchter von den bekannten Rassen und Farben ab und widmen sich dem Neuen. Wenn dann die anfängliche Euphorie den Ernüchterungen der alltäglichen Herausforderungen bei Zucht und Auslese gewichen ist, ist das Ende solcher Zuchten schnell erreicht.

Hier wird der Versuch gemacht, mögliche neue Farbenschläge für unsere Australorps und Zwerg-Australorps zu skizzieren, bei denen die Möglichkeit besteht, sie mit vorhandenen Farben kombiniert zu züchten. Das soll jedoch keine Ermunterung oder gar ein Aufruf dafür sein, diese Wege zu gehen.

Die Farbe Splash

Die Splash sind seit Anbeginn der Blau-Gesäumten vorhanden und durchaus in hoher Qualität anzutreffen. Bislang ist diese Farbe bei einigen Rassen zugelassen und wird auch über kurz oder lang bei den Australorps anerkannt werden. In der Form gibt es nahezu vollendete Australorps und auch Zwerg-Australorps in Splash. Sie treten ständig bei der Verpaarung von Blau-Gesäumt x Blau-Gesäumt zu 25 % auf. Bisher wurden sie, wenn überhaupt, in der Zucht der Blau-Gesäumten mit schwarzen Partnern eingesetzt.

Noch gibt es Diskussionen, wie Splash farblich auszusehen haben. Die Verteilung von schwarzen und blau-gesäumten einzelnen Federn zwischen dem allgemein hellgrau-weißen Gefieder soll bei den bereits anerkannten Rassen möglichst gleichmäßig sein. Ähnlich wie bei den Blau-Gesäumten ist auch bei den Splash das Halsgefieder dunkler gefärbt, ebenso beim Hahn im Sattelbehang und auf den Flügeldecken.

Erfahrene Züchter der Blau-Gesäumten sind der Ansicht, dass der ideale Splash mit einem schwarzen Partner auch ideale Blau-Gesäumte erbringen soll. Ob das mit der oben angeführten Anforderung erreicht wird? Jedenfalls könnte dieser neue und gleichzeitig alte Farbenschlag, der nichts anderes als die reinerbigen Blauen darstellt, für alle Züchter der Blau-Gesäumten eine Bereicherung ohne Mehraufwand bringen.

Andere Farben

Immer wieder sehen wir Einzeltiere in Schwarz-Gold und Schwarz-Silber/Birkenfarbig in guter Qualität, die bei der Verpaarung von Schwarz-spalterbig in Weiß mit Weißen auftreten können. Die bisher gezeigten Tiere wirken recht attraktiv von ihrem Farbenspiel. Eine gezielte Weiterzucht mit diesen „Fehlfarben“ ist nicht bekannt. Somit kann auch keine Aussage zur stabilen Vererbung der Zeichnung gemacht werden.

Da bei allen aufgeführten Varianten die Merkmale dunkle Läufe, Augen und Schnabel erhalten bleiben, könnten sie durchaus das Spektrum unserer Rasse erweitern und die Möglichkeit, sie mit Schwarzen zu verbessern, ist überall gegeben. Jedoch existieren bei den Deutschen Langschan Braunbrüstige und bei den Niederrheinern Birkenfarbige. Daher sollte der interessierte Züchter überlegen, ob er auf eine Neuzüchtung verzichtet.

Wer Interesse an anderen Kammvarianten, anderen Farben oder gar federfüßigen Hühnern hat, sollte sich ebenso überlegen, ob nicht bei ähnlichen Rassen bereits solche Varianten vorhanden sind oder ob der langjährige mühsame Weg der Neuzüchtung sich wirklich lohnt. Wie praktische Beispiele zeigen, funktioniert das nur, wenn sich direkt mehrere Züchter einig sind und am gleichen Strick in die gleiche Richtung ziehen.

Literaturverzeichnis

Kreuser, Heinrich: **Leitfaden der Hühnerhaltung.** Oertel+Spörer, 2012.

Lüthgen, Werner: **Hühnerkrankheiten.** Oertel+Spörer, 2013.

Six, Armin und Müller, Bettina: **Vererbung bei Hühnern und Wassergeflügel.** Oertel+Spörer, 2007.

Six, Armin: **Brut und Aufzucht unserer Hühner.** Oertel+Spörer, 2013.

Sonderverein der Australorps- und Zwerg-Australorps-Züchter (Hrsg.): **50 Jahre Sonderverein.**

Sperl, Theodor: **Hühnerzucht für jedermann.** Oertel+Spörer, 1999.

Stach, Günter: **Geflügelställe und Ausläufe.** Oertel+Spörer, 2008.